F. ALLIES.

LE PHYLLOXERA

RÉGÉNÉRATION

DES

VIGNES PHYLLOXÉRÉES

MARSEILLE

TYPOGRAPHIE MARIUS OLIVE

RUE SAINTE, 39.

Décembre 1876

F. ALLIES.

LE PHYLLOXERA

RÉGÉNÉRATION

DES

VIGNES PHYLLOXÉRÉES

MARSEILLE

TYPOGRAPHIE MARIUS OLIVE

RUE SAINTE, 39.

Décembre 1876

Afin de répondre aux demandes qui me sont adressées, j'ai cru devoir réunir dans cette brochure, après leur publication dans les comptes-rendus de l'Institut, les rapports que j'ai eu l'honneur d'adresser à M. Dumas, Secrétaire perpétuel de l'Académie des Sciences, Président de la Commission du Phylloxera. Ces rapports en résumant l'ensemble de mes observations sur les attaques de l'insecte, les moyens que j'ai employés pour le combattre, et la régénération des vignes, présentent les faits qui se sont successivement produits, en ce qui me concerne, pendant le courant de trois années.

Qu'il me soit permis d'exprimer ma reconnaissance envers la Compagnie de P. L. M. et notamment envers les membres qui dirigent son Comité Régional d'action contre le Phylloxera, pour les encouragements qui m'ont été accordés. Je nommerai spécialement l'honorable M. Marion, professeur à la Faculté des Sciences à Marseille, qui avait reçu tant de l'Institut que du Comité Régional, mission de constater l'état des lieux, l'efficacité des traitements et dont les conseils m'ont été précieux. Ces encouragements, les conclusions du rapport général présenté par le Comité Régional à la Compagnie de P. L. M. pour les travaux qu'il a exécutés pendant l'année courante et les résultats acquis par mes travaux, fournissent la preuve que les efforts réalisés n'ont pas été stériles et qu'il peut être utile de les faire connaître aux viticulteurs.

F. ALLIES,

Chef de service à la Direction de l'Exploitation de la
Compagnie des Messageries Maritimes.

RAPPORT DU 9 MARS 1876.

Je prends la liberté de vous rendre compte de l'application que j'ai faite du sulfure de carbone pour la destruction du phylloxera.

Vous avez, par vos travaux, donné une impulsion remarquable aux recherches, et je considère que, dans l'intérêt général et davantage encore par déférence, c'est à vous, Monsieur le secrétaire perpétuel, que doivent aboutir les comptes-rendus de tout ce qui se fait. Permettez-moi donc d'exposer ce qui suit :

Je possède, par indivis avec mon frère, un champ de vignes composé de 13,500 pieds. Ce champ est situé, à 350 mètres d'altitude, au mont Ruissatel, commune d'Aubagne (Bouches-du-Rhône); le sol en est complètement aride. Ce champ domine le territoire d'Aubagne et celui de Marseille qui sont envahis par le phylloxera.

Pendant l'année 1873, l'altération légère qui se produisit dans la végétation révéla la présence du phylloxera dans la partie centrale du champ de vignes ; les vignes ainsi attaquées datent de 1869. Quelques insecticides furent employés; mais ils n'arrêtèrent pas l'envahissement de l'insecte.

Au début de la campagne 1874, quelques précautions furent prises; les vignes atteintes par le phylloxera, ou supposées l'être, furent déchaussées, fumées énergiquement; du sulfate de cuivre répandu sur le sol fut dissous par les pluies du printemps; l'altération des vignes fut encore plus prononcée en 1874 qu'en 1873.

Mais, en 1874, vous avez adressé à l'Académie des sciences le remarquable mémoire sur le sulfure de carbone employé comme agent de destruction ; c'est ce document et cet agent qui ont plus particulièrement fixé mon attention, l'aridité du sol, dans nos conditions, ne permettant pas l'emploi des insecticides qui réclament absolument le concours de l'eau pour véhicule. Le sulfure de carbone, énergique sous un petit volume, présente des avantages de transport et d'application sur lesquels il n'y a pas à insister.

Il s'agissait donc, selon vos conseils, d'appliquer le sulfure de carbone dans une mesure suffisante pour détruire le phylloxera ; mais pas au-delà, pour ne pas détruire la vigne. La condition première à réaliser m'a paru consister dans l'application fréquente, à très-petite dose, du sulfure de carbone, et la deuxième condition, dans la facilité et la promptitude de l'opération. J'ai pensé qu'il pouvait suffire d'introduire le sulfure à vingt centimètres dans le sol, comptant que la pesanteur du gaz, dès qu'il serait produit, l'entraînerait en grande partie dans les couches inférieures.

J'arrêtai alors les dispositions d'un pieu métallique composé d'un réservoir, d'un appareil à doser commandé par deux robinets et d'un pieu creux pour conduire le liquide dans le sous-sol.

. . . .

Le réservoir contient 3 k. 800 sulfure de carbone; l'appareil, avec sa provision maxima de sulfure, pèse 10 k. 700. Si cette quantité de sulfure n'est pas suffisante pour le travail de la journée, le cultivateur emporte avec lui une provision supplémentaire logée dans un petit réservoir solidement établi et convenablement fermé.

L'appareil est facile à manœuvrer ; le cultivateur le saisit par la partie supérieure de la lyre, comme le charpentier saisit la poignée de sa tarière, et il l'enfonce dans le sol, soit au moyen d'un choc, soit en s'aidant de la pesanteur de son corps. La quantité de sulfure à introduire dans chaque trou est dosée dans la capacité qui se trouve placée entre les deux robinets, la dose est fixée à volonté ; j'ai adopté celle de sept grammes et demi, de telle sorte que le pieu contient une provision de sulfure correspondant au dosage de 500 trous.

. . . .

L'étude et l'établissement de ce pieu m'ont conduit jusqu'au mois d'octobre 1874 et, à ce moment, j'avais le moyen d'introduire dans le sol des doses uniformes de sulfure de carbone de 7 gr. 1/2.

La végétation se continuant encore, je me décidai pour une première application, en adoptant quatre trous par pied de vigne, les trous étant écartés du tronc de quarante centimètres environ. Le lot de 1000 pieds, envahi par l'insecte, fut traité en une semaine par un cultivateur, et chaque pied fut donc soumis à l'action de 30 grammes de sulfure.

. . . .

Les vignes composant le lot envahi depuis plusieurs années étaient bien malades lorsqu'en octobre 1874, je fis cette tardive application de sulfure, et la seule conclusion pratique retirée de cette opération fut de pouvoir agir rapidement et en sécurité avec le sulfure de carbone.

L'envahissement du phylloxera dans toutes les directions de voisinage et au centre même de notre champ de vignes présageait une mauvaise campagne pour 1875. Le travail fait en octobre me confirma dans la résolution de continuer l'application du sulfure de carbone.

Dans le lot envahi, une cinquantaine de pieds ayant perdu les racines, morts, furent remplacés.

La végétation s'est continuée dans ce même lot, en 1875, précaire comme en 1874, avec cette différence qu'un certain nombre de vignes ayant perdu les racines en 1874 n'a fourni qu'une végétation extrêmement courte, les feuilles conservant néanmoins une bonne apparence de couleur. Chaque vigne de ce lot a reçu, pendant l'année 1875, 150 grammes de sulfure, en cinq applications composées chacune de quatre trous par pied, et chaque trou recevant 7 grammes 1/2 de sulfure. Ces applications ont été échelonnées en mai, juin, juillet, août et septembre, de telle sorte que l'on peut admettre que la production de gaz dans le sol a été presque continue pendant la durée de la végétation.

. . . .

Le lot traité a fourni de un quart à un tiers de récolte, en raisins sains ayant fourni du bon vin.

Un peu après le début de la végétation, en 1875, nous pûmes constater que les vignes placées dans l'ouest du lot envahi étaient également attaquées par l'insecte ; les parties atteintes, dans des vignes âgées de 5, 4 et 3 ans révolus, furent jalonnées et soumises à ce même traitement. 2500 vignes furent exposées à l'action du sulfure de carbone, ainsi que je viens de l'indiquer, et reçurent également cinq applications de sulfure composées chacune de quatre trous à 7 gr. 1/2 chaque, soit en totalité 150 grammes par souche. Ces vignes ont conservé le fruit et la végétation a été satisfaisante.

En résumé, 3500 pieds ont été traités en 1875, et ils ont reçu 525 k. de sulfure de carbone en 70.000 trous.

L'inventaire fait en dernier lieu, pendant l'hivernage, a fait constater la mort de 150 souches, dont 50 du premier lot envahi, dépourvues de racines, et le restant dispersé sur tous les points dans les plantations de 3, 4 et 5 ans.

Une difficulté spéciale s'est produite dans l'exécution de ce travail, en raison de l'aridité extrême et de la nature argileuse du sol en traitement. Alors que le pieu doit entrer au moyen de la pression du corps, ou d'un choc qui se répète rarement, il a fallu faire précéder le cultivateur armé du pieu, d'un enfant ou d'une femme pour ameublir l'emplacement dans lequel devait être enfoncé le pieu. L'opération n'a pas été ralentie pour cela ; mais, dans la

plupart des cas, il a fallu adjoindre un aide au cultivateur.

En résumé, il résulte de ce qui précède que le
sulfure de carbone a été appliqué fréquemment et
d'une façon extrêmement divisée sans qu'il en soit
résulté aucun danger pour les vignes ; il n'est pas
douteux que cette production, permanente en quelque sorte, de gaz de sulfure de carbone dans le sous-
sol, a dû constituer un bon insecticide ; ce mode
d'application n'a exercé aucune influence nuisible
aux vignes, le petit nombre de sujets remplacés
ayant succombé à l'ancienneté de l'attaque ; et l'on
peut voir enfin dans l'application de ce procédé, à
défaut d'autres moyens mieux appropriés aux
terrains arides et privés d'eau, des avantages qui
nous encouragent à persévérer dans la même voie.

. . . .

Je vous adresse, avec cette lettre, un pieu métallique, et une brosse métallique que j'ai fait établir
pour enlever l'écorce des souches, cette décortica-
tion ayant été conseillée dans le mémoire qui a paru
au *Journal officiel* du 29 janvier dernier. L'emploi
que nous faisons de cette brosse depuis quelques
semaines, me permet d'indiquer qu'elle fournit un
travail satisfaisant.

RAPPORT DU 27 AVRIL 1876.

J'ai eu l'honneur de vous rendre compte, par ma lettre du 9 mars, de l'application que j'ai faite pour le traitement des vignes phylloxérées, du sulfure de carbone, au moyen d'un pieu spécial permettant l'application fréquente et rapide de petites doses de sulfure.

Enhardi par l'accueil bienveillant que vous avez fait à cette communication, et par les encouragements présentés en votre nom par l'honorable Monsieur Milne-Edwards, je prends la liberté de vous adresser un nouveau pieu, réalisant des améliorations sur celui présenté le 9 mars.

. . . .

Dans l'expérience faite de ce nouveau pieu, le cultivateur a pu piquer mille trous dans le sol, en une journée ; j'estime que dans la pratique ce travail sera dépassé.

Ce pieu pèse, vide............... K. 10 450
Poids du sulfure............ ... » 4 »
Poids total. .... » 14 450

Ce pieu permettra, mieux encore que le précédent, d'entretenir dans le sol, aussi constamment que nécessaire, l'atmosphère de sulfure de carbone pour détruire le Phylloxera sans altérer les vignes.

Les vignes que j'ai traitées au sulfure de carbone pendant l'année dernière, ont dès-à-présent, un aspect fort intéressant. Celles notamment qui au début de 1875 paraissaient être arrivées au maximum du dépérissement et n'ont fourni que des serments fort précaires, possèdent actuellement des bourgeons remarquables, eu égard à leur végétation de 1875. Les Phylloxeras ayant été combattus ou détruits en 1875 au moyen de l'application fréquente du sulfure, ces vignes ont évidemment produit des racines nouvelles et reviennent à la vie. Des observations analogues sont faites sur les autres vignes phylloxérées qui ont été traitées au sulfure de carbone. Les débuts de la végétation présentent les vignes dans un état plus vigoureux et nous constatons l'amélioration et non plus la continuation du dépérissement.

Au surplus et avec votre autorisation, j'aurai l'honneur de revenir sur ce sujet, dès que mes observations auront pu être complétées.

RAPPORT DU 8 JUIN 1876.

Par ma lettre du 9 mars, j'ai pris la liberté de vous rendre compte d'une application de sulfure de carbone, en faibles doses, répétées, pour la destruction du Phylloxera.

Diverses parcelles de vignes étaient envahies par le Phylloxera ; l'altération des sarments était visible en 1874.

Au mois d'octobre 1874, ces vignes reçurent une première application de sulfure de carbone.

Mais pendant l'année 1875, le traitement fut complet, ainsi que j'ai eu l'honneur de l'exposer, et la végétation des sarments, pendant cette même année 1875, fut plus ou moins précaire, selon que les racines avaient été plus ou moins altérées par le Phylloxera. La végétation d'un grand nombre de ces vignes était tombée à une limite au-delà de laquelle la sève aurait été éteinte.

Pendant l'année 1875, ces vignes, sous la protection du gaz produit par le sulfure de carbone,

ont poussé des racines nouvelles et elles sont reve-
nues à la vie.

Actuellement, après une quarantaine de jours de
végétation, les résultats sont remarquables et les
vignes traitées manifestent extérieurement ce qui
s'est produit dans le sous-sol.

Les anciennes racines ont été altérées ou détruites
par le Phylloxera et les sarments de 1875 ont été
faibles ou rachitiques quoique avec une belle couleur de végétation, mais des racines nouvelles et du
chevelu ont été produits en 1875 et actuellement
les pauvres coursons de 1875 se trouvent dotés de
sarments vigoureux, tout à fait disproportionnés par
leur grosseur avec la grosseur de ces coursons.

Les vignes traitées n'ont plus de Phylloxera.

Les vignes non traitées, belles encore l'an dernier
et affranchies de traitement par leur apparence
trompeuse, sont envahies par le Phylloxera.

La ligne de démarcation entre les vignes traitées
et celles non traitées est remarquable. Les premières,
malades l'an dernier, sont très-vigoureuses actuellement ; et les autres, belles l'an dernier, sont
actuellement dans un fâcheux état. Les situations
sont renversées.

Toutes ces vignes seront traitées au sulfure de
carbone ; les malades dans la mesure et par la forme

que j'ai indiquée, pour être guéries. Et celles qui sont actuellement en bonne voie de reprise, dans une moindre mesure, pour les défendre contre l'envahissement du Phylloxera qui les entoure de toute part.

J'ai pensé qu'il pourrait être intéressant de placer sous vos yeux un spécimen de vigne traitée. Cette vigne vous parviendra en même temps que cette lettre.

Cette vigne porte sur le tronc la preuve de la destruction ou de l'altération des racines et la formation en 1875 de racines nouvelles et du chevelu.

Sauf à l'extrémité inférieure, toutes les racines du tronc ont été détruites, mais des pousses nouvelles se présentent au lieu et place des anciennes.

Le faisceau de racines de l'extrémité du tronc a été détruit en partie et altéré, mais vous remarquerez les racines et le chevelu produits en 1875 et qui ont servi de base à la reprise de la végétation.

En ce qui concerne l'extérieur de la vigne, la faiblesse de la végétation de 1875 se manifeste par l'insuffisance des deux coursons qui portent les sarments de 1876. Vous remarquerez sans doute la disproportion de vigueur qui existe entre ces coursons produits par la végétation de 1875 et les sarments de 1876 qui ont une quarantaine de jours d'existence. Ces sarments portent de belles grappes et il paraît manifeste que la sève a repris son mouvement régulier.

L'honorable M. Milne-Edwards, lors de son passage à Marseille, a bien voulu charger l'un des professeurs les plus distingués de la Faculté des Sciences de Marseille, M. Marion, d'étudier sur place l'application du sulfure et les effets produits par lui. J'ai été très-heureux d'avoir été assisté par M. Marion, dans l'examen des sarments et des racines, des vignes traitées et de celles qui ne l'ont pas été.

RAPPORT DU 20 SEPTEMBRE 1876 [1]

L'accueil favorable que vous avez bien voulu faire à mes communications concernant le traitement des vignes phylloxérées, m'encourage à vous adresser ce rapport qui relate mes travaux de 1876 et résume ceux de 1874-1875. Le traitement opéré en 1874-1875 a produit des résultats complètement favorables, et j'hésite d'autant moins à vous adresser cette communication que des résultats identiques ont été obtenus pour les traitements que j'ai opérés en 1876.

Dans mon rapport du 9 mars 1876, inséré aux comptes-rendus de l'Institut du 13 mars, j'ai indiqué que dès la fin de 1874 et en 1875, je m'étais décidé à traiter 3,500 pieds de vignes phylloxérées, au moyen du sulfure de carbone. Ces vignes étaient entourées d'autres vignes dont la végétation était vigoureuse et elles formaient des taches dans l'ensemble du champ ; elles ont été traitées seules. Dans notre voisinage, tous les champs sont en partie détruits ou envahis par les Phylloxeras.

(1) Voir comptes-rendus de l'Institut, n° du 9 Octobre.

Bien que le sulfure de carbone n'eût produit que des résultats fâcheux dans les applications directes faites antérieurement et eût été abandonné par les personnes les plus autorisées, je me décidai néanmoins en faveur de cet insecticide, mais en m'écartant tout-à-fait de la méthode suivie jusqu'alors. Il s'agissait de ne pas tomber dans les errements du passé qui tuaient la vigne, et il fallait en outre détruire non-seulement les Phylloxeras existant sur les racines, mais encore ceux provenant des champs voisins et ceux produits par l'invasion ailée.

Je fus ainsi conduit à réaliser un procédé consistant à faire des applications successives de sulfure de carbone dans le sol, par petites doses, mensuellement, de mai à septembre.

Pour mettre ce projet à exécution, il fallait créer les voies et moyens, et dans ce but, je construisis un instrument réunissant tout à la fois la provision de sulfure de carbone, le moyen de le doser et le pieu pour l'introduire dans le sol.

Mes projets arrêtés ainsi que je viens de l'indiquer, furent mis à exécution et, après un essai en septembre 1874, j'opérai, en 1875, le traitement des 3,500 vignes malades.

Je crois inutile de reproduire les détails contenus

dans mon rapport du 9 mars ; je me borne à ra
peler que, dès le mois de mai 1875, le sol de chaq
vigne fut piqué de quatre trous, écartés de 40 ce
du tronc, à 20 cent. de profondeur et que chaq
trou reçut 7 grammes 1/2 de sulfure de carbor
soit 30 grammes en totalité pour cette premiè
opération; les trous étant bouchés avec le pi
aussitôt après avoir introduit le sulfure. Ensui
la même opération fut répétée en juin, juillet, ao
et septembre, de telle sorte que chaque vigne reç
150 grammes de sulfure en totalité et pour toute
durée du traitement en 1875. En vous renda
compte de ce traitement, je vous ai adressé, av
mon rapport du 9 mars, un premier pal distribute
semblable à celui que j'ai employé en 1875. Vo
m'avez renvoyé ce pal par M. Delachanal, apr
que je vous en ai eu adressé un deuxième, le 9
avril, réalisant des améliorations sur le précéde
et semblable à celui que j'ai employé en 1876.

Le résultat du traitement que je viens d'indiqu
fut complètement satisfaisant, et en même tem
que je vous rendais compte, le 8 juin dernier,
l'état de reprise des vignes, je prenais la liberté
placer sous vos yeux, à titre de spécimen, une d
vignes traitées, dont les anciennes racines avaie
été détruites par le Phylloxera, n'ayant que l

rachitiques coursons de 1875, mais dotées d'un nouveau système de racines et de chevelu produits en 1875 et des sarments de 1876, déjà vigoureux et tout-à-fait disproportionnés, par leur grosseur, avec les coursons de 1875.

Ce traitement et les résultats obtenus m'ont procuré l'honneur et la satisfaction d'entretenir à la Faculté des Sciences, à Marseille, le 27 mars, l'éminent M. Milne-Edwards qui a bien voulu également s'intéresser à mes travaux, et, en ma présence, il a chargé M. Marion, professeur de zoologie à la Faculté, de se rendre compte de ce qui avait été fait en 1875 et de contrôler les travaux que je comptais réaliser en 1876. Le 28 mai suivant, alors que la végétation était assez avancée, M. Marion, délégué à cet effet, a pu constater, au moyen de sondages, que les vignes traitées en 1875 étaient guéries, et en outre, les ravages produits par le Phylloxera sur les anciennes racines et la reprise de la végétation soit dans le sol, soit extérieurement. Vous avez jugé à propos de faire insérer aux comptes-rendus de l'Institut du 12 juin, le rapport spécial de M. Marion à ce sujet, ainsi que ma communication du 8 juin.

Le 3 juillet enfin, vous m'avez fait l'honneur de m'adresser M. B. Delachanal, préparateur de chimie de l'Ecole Centrale des Arts et Manufactures, chef de votre laboratoire, et il a pu se rendre compte également du traitement que j'ai indiqué et constater les mêmes faits que M. Marion.

Les 3,500 vignes traitées en 1875 sont comprises et enclavées dans un champ qui contient 13,500 pieds en totalité. Au début de la végétation de 1876, je constatais que le restant du champ était envahi par le phylloxera. Sur certains points, les racines n'avaient subi qu'un commencement d'altération ; sur d'autres, l'altération était plus grande et enfin bien des sujets avaient les racines complètement détruites. Un certain nombre d'anciennes vignes, en outre de l'attaque du Phylloxera, avaient souffert d'un froid tardif, survenu après le décorticage du tronc. Une partie de ces vignes, non traitées en 1875, n'a pas repoussé. Ces faits ont été constatés par M Marion et, après lui, par M. Delachanal.

Les rôles étaient ainsi renversés ; les vignes malades et traitées en 1875 revenaient à la vie et avaient une belle apparence extérieure ; celles qui étaient luxuriantes auparavant, étaient devenues précaires et rachitiques à des degrés différents.

Je me décidai donc à traiter ces vignes malades, en 1876, comme les précédentes en 1875, au moyen de petites doses de sulfure de carbone, avec cette différence toutefois que je résolus de limiter à 4, au lieu de 5, le nombre des applications successives de sulfure, ce qui correspondait à 120 grammes par pied, savoir :

Une application : 4 trous $\times$ 7 gr. 1/2 $=$ 30 grammes.

Quatre applications : 30 grammes $\times$ 4 $=$ 120 grammes.

Mais les vignes traitées en 1875 étant entourées de toutes parts de vignes complètement phylloxérées, il y avait à craindre de les voir envahies de nouveau par l'insecte et je me decidai à les comprendre, *à titre préventif*, dans le traitement général. Par conséquent, le traitement de 1876 a compris tout le champ de vignes, soit 13,500 pieds en totalité.

La première application de sulfure de carbone a été faite du 29 avril au 31 mai ; ce travail achevé, il était difficile de rencontrer quelques rares phylloxeras et les vignes déjà traitées en 1875 en étaient affranchies. La deuxième application a été faite du 20 juin au 20 juillet et la troisième du 10 an 22 août.

Après avoir réalisé ces applications, je procédais les 23 et 24 août à la visite minutieuse des racines. Mes investigations ont pu être divisées par lots, et dans chaque lot, je visitais une vigne à sarments vigoureux et trois autres vignes dont les sarments étaient faibles ou rachitiques à des degrés différents. De toutes parts, la couleur de la feuille était satisfaisante et je n'ai pu rencontrer le Phylloxera sur aucun sujet. La végétation des sarments était en rapport avec l'état de pourriture ou l'altération des anciennes racines, et, dans toutes les parties du champ, sur les vignes à apparence vigoureuse aussi bien que sur celles dont l'altération était manifeste, j'ai constaté la formation des racines nouvelles et du chevelu, à côté ou à la suite des racines détruites ou altérées par le Phylloxera avant le traitement. Il s'est produit là, et je l'ai constaté plus tôt que l'an dernier, ce que vous avez pu observer sur le tronc de la vigne que j'ai eu l'honneur de vous adresser le 8 juin.

En l'état, il n'y a plus actuellement dans ce champ aucune vigne phylloxérée ; il n'y a plus que des vignes vigoureuses ou en pleine convalescence, travaillant toutes des racines et plus ou moins de sarments, selon que le système des anciennes racines a été plus ou moins détruit ou altéré par l'action de l'insecte avant le traitement. J'estime à demie et peut-être à deux tiers de récolte, le vin qui sera produit par ces vignes.

Le 27 août, M. Marion a de nouveau visité le

champ de vignes ; il était assisté de M. Mazel, propriétaire, membre de la commission instituée à Marseille par la compagnie de P.-L.-M. pour l'étude des moyens à employer contre le Phylloxera. Ces Messieurs ont procédé à des sondages et à des examens nombreux et ils ont confirmé en tous points les indications que je viens de fournir.

Nous nous sommes alors transportés dans un champ de vignes voisin, ayant encore une belle végétation, entouré de vignes détruites par le Phylloxera, placé dans la direction du vent régnant habituellement, et là, MM. Marion et Mazel ont pu constater l'envahissement du champ par l'insecte.

Mon programme arrêté pour le traitement en 1876 comportait quatre applications de sulfure ; actuellement trois applications sont faites, le phylloxera est détruit et les vignes sont en voie complète de reprise. Permettez-moi d'insister sur ce résultat au point de vue de l'effort à réaliser pour la guérison d'un champ phylloxéré ; il indique bien que, dans le traitement de 1875, j'ai atteint le but, mais en exagérant les moyens, et que plus rien ne serait à faire avant le printemps prochain. Néanmoins, je désire assurer le résultat acquis, et dans ce but, d'accord avec MM. Marion et Mazel, je vais procéder à la quatrième application de sulfure, mais avec le sentiment qu'elle est inutile.

L'année prochaine, je n'aurai plus à me placer qu'à un point de vue préventif et j'ai le projet de ne faire que deux applications de sulfure : une première de 30 grammes en 4 trous, en mai-juin, et la deuxième de 30 grammes également, en septembre-octobre. La première application aura pour but de détruire les sujets ayant pu rester de l'invasion ailée de 1876, si elle s'est produite, et la deuxième l'invasion ailée de 1877, en admettant qu'elle se produise également.

Je me suis décidé à faire une application de sulfure, à titre gracieux, du 4 au 9 septembre, sur 12,000 vignes du plus prochain voisinage, celles dans lesquelles MM. Marion et Mazel ont constaté l'envahissement du Phylloxera; ce sera une pépinière à insectes de moins et un encouragement pour les propriétaires cultivateurs à faire ce qui est utile. Permettez-moi d'ajouter que je ne fournis cette indication qu'à raison des observations nouvelles auxquelles elle pourra donner lieu.

Les traitements que je viens d'indiquer ont été opérés dans des conditions défavorables. Le champ sur lequel nous avons opéré est composé de terres fortes et argileuses, et, dans notre région aride, ces terres sont extrêmement dures et ne peuvent pas toujours être percées directement par le pieu distributeur du sulfure. Lorsque les terres ont été détrempées par les pluies, le travail devient alors facile, malgré la présence des cailloux. Néanmoins, le prix de revient d'une application de 30 grammes de sulfure en 4 trous peut actuellement s'établir comme suit :

Pour 1000 pieds de vignes :

Main-d'œuvre............Fr.	7	50
Sulfure, 30 kil. à 0,50 cent... »	15	» »
Total......Fr.	22	50

Le traitement préventif, comportant deux applications, soit ensemble 60 gr. en 8 trous par pied, coûterait donc 45 francs les 1000 pieds, et le traitement curatif, à 3 applications, 67 fr. 50.

Ces dépenses, passagères, sont évidemment bien faibles, eu égard à la valeur du produit de 1000 pieds de vignes.

Actuellement, le sulfure de carbone coûte ici, normalement, 0,50 cent. le kilo ; mais il faut compter, d'après les personnes les plus autorisées, qu'une impulsion administrative provoquerait la création de l'outillage industriel nécessaire à la production des quantités de sulfure de carbone suffisantes pour traiter les vignobles phylloxérés ; le charbon et le soufre ne feraient par défaut et le prix de 0,30 cent. le kilo pourrait être réalisé facilement.

Dans cette hypothèse d'un prix plus réduit pour le sulfure de carbone et d'améliorations certaines dans le travail d'introduction du sulfure dans le sol, la dépense de traitement des vignes phylloxérées peut se décompter de la manière suivante :

Pour 1.000 pieds de vignes, application de 30 gr. en 4 trous :

Main-d'œuvre . . . . .Fr. 3 35
Sulfure, 30 k. à 0,30 cent. . . . . . » 9 » »

Total . . . . . . Fr. 12 35

Deux applications préventives coûteraient donc 24 fr. 70, et les trois, curatives, 37 fr. 05 par 1000 pieds et par an.

En résumé, je n'hésite pas à conseiller la proposition suivante :

Pour le traitement *curatif*, trois applications de sulfure de carbone ; la première en mai-juin ; la deuxième en juillet-août ; la troisième en septembre ; et pour le traitement *préventif*, deux applications :

la première en mai-juin, et la deuxième du 15 au 30 septembre.

La question du traitement des vignes phylloxérées peut être envisagée à deux points de vue différents : l'effort individuel d'abord, et ensuite l'effort général, ayant tous les deux en vue de sauver les vignes françaises. L'effort individuel et isolé ne pourra être réalisé que dans des conditions précaires, attendu qu'après avoir opéré la guérison, il devra se continuer, dans une moindre mesure, il est vrai, pour se garantir du fléau du voisin et à défaut, des contrées voisines. Cette situation de l'effort isolé n'a pas d'autre issue dans l'avenir et elle constitue une charge permanente, puisque le phylloxera sera entretenu par les vignes françaises non traitées et principalement par les vignes américaines puisqu'elles vivent très-bien, assure-t-on, avec l'insecte, et que chaque année elles fourniront par conséquent des légions ailées pour envahir les vignes françaises conservées avec effort.

Ce qu'il faudrait réaliser, c'est l'effort général, le Phylloxera considéré comme étant l'ennemi commun de la vigne américaine tout aussi bien que de la vigne française. Une lutte générale entreprise sous l'empire de l'esprit d'association, s'il pouvait être éveillé, et à défaut, sous l'autorité d'une action

administrative, produira seule des effets complets.
Qu'arriverait-il, en effet, si pendant une année,
toutes les vignes phylloxérées étaient traitées avec
efficacité? (et c'est possible actuellement). Il arrive-
rait que l'effort à faire la deuxième année serait cer-
tainement moindre ; que cet effort s'atténuerait encore pendant la troisième année, et le mal ayant
disparu, il ne resterait plus alors qu'à surveiller
les frontières.

. . . .

Lorsqu'en mars dernier, après m'être rendu
compte du résultat de mes travaux, j'ai pris la liberté
de les soumettre à votre appréciation pour la première fois, j'ai rempli un devoir envers l'illustre
savant à qui il appartient de connaître et coordon-
ner les efforts de chacun, pour conclure. Permettez-
moi de répéter ce que j'ai déjà écrit : Si mes travaux présentent quelque intérêt, c'est à vous, Monsieur le Secrétaire perpétuel, que doit en remonter
le mérite, attendu que ce sont vos expériences de
laboratoire sur le sulfure de carbone, décrites dans
votre mémoire de 1874, qui ont servi de point de
départ à ces travaux.

RAPPORT DU 14 DÉCEMBRE 1876 [1]

Par la communication que j'ai pris la liberté de vous adresser le 20 septembre dernier, j'ai eu l'honneur de vous rendre compte des traitements de vignes phylloxérées opérés en 1876 et des résultats obtenus. Pendant le courant de l'année, après que l'insecte a été détruit, j'ai constaté à différentes reprises, sur les vignes les plus maltraitées, la reprise de la végétation des racines ; mais ces constatations faites pendant la durée de la végétation, quoique suffisantes pour l'opérateur, ne sont jamais que partielles, un côté seulement de la vigne étant déchaussé dans l'intérêt de la conservation du sujet. Actuellement que la sève a cessé tout mouvement, les mêmes ménagements ne sont plus indispensables ; les investigations doivent être plus étendues et j'ai mis à profit la grande culture d'hiver pour faire des épreuves complètes de déchaussement. Les résultats sont remarquables et entièrement satisfaisants.

(1) Voir comptes-rendus de l'Institut, n° du 18 Décembre.

Je ne m'occupe ici que des vignes arrivées au maximum du dépérissement, ayant perdu les racines sous l'action de l'insecte ; mais dont le tronc n'est pas encore mort.

Au mois de juin dernier, j'ai pris la liberté de placer sous vos yeux un type de vigne ayant perdu les racines, traitée en 1875, dotée des racines nouvelles produites en 1875 et de sarments vigoureux produits en 1876 sur les coursons extrêmement chétifs de 1875.

Actuellement, je prends la liberté de placer également sous vos yeux un spécimen de vignes ayant perdu les racines antérieurement à tout traitement, arrivées au maximum de la décadence, traitées en 1876 ainsi que j'ai eu l'honneur de l'exposer dans mon rapport du 20 septembre, ayant produit des rameaux extrêmement faibles, mais avec un nouveau système de racines produit sous la protection du traitement. L'année prochaine, le nouveau système des racines se renforcera et se continuera, des rameaux vigoureux naîtront des rameaux rachitiques de 1876 et le sujet deviendra exactement semblable, comme type de reprise, à celui que j'ai eu l'honneur de vous adresser au mois de juin.

J'ai pensé qu'il pouvait y avoir intérêt à fixer

l'attention sur cette première étape de la régénération.

La reprise d'une vieille vigne est peut-être encore plus remarquable, en raison de l'effort que la sève a dû faire pour percer le vieux bois. Je dois renoncer à vous adresser un spécimen de ces vignes, à cause de leur encombrement.

Ces faits, très-nombreux dans le champ qui me préoccupe, observés en 1875 et en 1876, démontrent que toute vigne phylloxérée, quel que soit son état de dépérissement (sauf la mort) est régénérée par le traitement.

Un point spécial a fait l'objet de nombreuses polémiques : le Phylloxera est-il la cause de l'état de la vigne, ou bien n'est-il que la conséquence d'un dépérissement dû à une cause inconnue ? Si cette question pouvait encore exister, elle trouverait dans les faits de reprise que je viens d'indiquer un argument décisif.

J'ai eu l'honneur de vous adresser, le 9 mars et le 27 avril de l'année courante, un spécimen de chacun des deux pals distributeurs que j'ai construits et employés, le premier en 1874 et 1875 et le deuxième en 1876, pour le traitement des vignes phylloxérées, le deuxième pal réalisant un perfectionnement et une simplification du premier.

3

C'est avec raison que le comité régional, dans son rapport général à la compagnie de P. L. M. tout en approuvant la marche et adoptant les conclusions de mes travaux, indique qu'il s'est attaché à améliorer le dernier de ces instruments que j'avais mis à sa disposition au mois d'avril dernier. Bien que les traitements que j'ai opérés avec cet instrument aient eu le succès le plus complet, j'ai reconnu qu'il ne réalisait pas cette condition essentielle : *que l'homme le moins habile fasse aussi vite et aussi bien que le plus intelligent.*

Nul autre que moi n'a employé cet instrument d'une manière aussi suivie, et l'efficacité du traitement étant bien affirmée, je résolus de modifier l'appareil.

Je prends la liberté de placer sous vos yeux et de vous prier d'agréer un spécimen de ce nouvel appareil ; un feuillet joint à cette lettre en reproduit l'image.

Je dois indiquer, pour éviter toute confusion, que ce nouvel appareil diffère essentiellement de celui que j'ai mis, en avril dernier, à la disposition du Comité régional de P. L. M. et dont il est question dans son rapport général ; j'attache trop de valeur au jugement du Comité régional pour ne pas insister sur ce point, que le nouvel appareil échappe à la critique indirecte qu'il a faite, avec raison et avec une extrême courtoisie, du pal qu'il a bien voulu employer. Je me réserve, au surplus, de mettre ce nouvel instrument à la disposition du Comité régional, et j'espère qu'il voudra bien le prendre en considération et l'employer comme il a bien voulu employer le pal précédent.

J'ai conservé les dispositions principales des instruments primitifs ; je me suis attaché à réunir encore, dans le nouveau, la provision de sulfure de carbone, le moyen de le doser et le pieu pour l'introduire dans le sol.

Les figures n°s 1 et 2 représentent deux vues de face et de profil, tous les organes étant visibles ex-térieurement. La figure n° 3 reproduit l'instrument, pourvu d'une enveloppe métallique pour préserver les organes mobiles et d'une pédale. Cette dernière figure présente l'appareil prêt à fonctionner.

L'instrument métallique comprend un réservoir à sulfure, un boisseau portant sur le côté un appendice ou chambre de dosage commandée par deux clés de robinet, et un pieu creux dans lequel se meut une tige destinée à empêcher l'obstruction par les terres. Tous ces organes sont reliés entr'eux au moyen d'un manchon pourvu de deux bras fixés à une traverse en bois.

Le boisseau est percé d'un bout à l'autre, il est en communication avec la partie inférieure du réservoir, avec la chambre de dosage et avec la partie supérieure du pieu. La chambre de dosage est attachée au boisseau, entre les deux clés qui la commandent à tour de rôle. Dans ces conditions, si la clé inférieure est fermée et que la clé supérieure soit ouverte, le liquide contenu dans le réservoir s'écoulera, par l'axe du boisseau dans la chambre à dosage. La chambre à dosage est dominée par un tube capillaire en métal qui trouve son issue au-dessus du réservoir à sulfure, de telle sorte que la chambre à dosage se trouve en communication avec l'air extérieur. Le réservoir est pourvu d'un tube métallique isolant le liquide dans l'intérieur ; c'est en traversant ce tube que le tube capillaire de la chambre à dosage aboutit à la partie supérieure du réservoir. Le tube capillaire est terminé par une olive percée, pour que le cultivateur puisse, le cas échéant, en soufflant par cette olive, rétablir la communication entre la chambre à dosage et l'air extérieur. Du reste, les mouvements rapides qui se produisent avec le liquide, dans la chambre à dosage, font affluer l'air par le tube capillaire, dans un sens ou dans l'autre, et ces agitations produisent un bruit sonore qui indique que l'organe capillaire fonctionne.

S'il y a lieu de souffler par l'olive, il faut introduire
dans le trou de l'olive la petite goupille spéciale
qui bouche une commuication directe avec le réservoir, tout en laissant libre la communication
avec le tube capillaire.

Le liquide introduit dans la chambre à dosage
chasse l'air contenu dans cette chambre, par le tube
capillaire, et le remplissage de la chambre s'opère
instantanément. Si, au contraire, il s'agit de vider
la chambre à dosage, la communication capillaire
avec l'extérieur joue le rôle inverse en servant à
introduire l'air qui doit remplacer le liquide dans la
chambre.

La capacité de cette chambre et du vide existant
dans le boisseau, entre les deux robinets, correspond à 14 centimètres cubes ; cette capacité a été
réduite, par l'introduction de rondelles métalliques
dans la chambre, à 7 gr. 1/2 de sulfure de carbone,
quotité adoptée dans mes traitements.

Les doses, après qu'elles ont été fixées à la volonté de l'opérateur, sont égales entr'elles, toutefois avec la différence, inappréciable, produite par
le changement de niveau du liquide dans le tube
capillaire qui domine la chambre à dosage. Lorsque le réservoir est plein de sulfure, le tube capillaire se remplit également et le niveau du liquide

y est le même que dans le réservoir. A mesure que par l'emploi du sulfure, le niveau s'abaisse dans le réservoir, il s'abaisse également dans le tube capillaire. Ces différences dans le dosage, produites par le changement de niveau dans le tube capillaire, devaient être indiquées, mais elles ne correspondent qu'à des quantités infinitésimales.

Le tube capillaire permet donc la sortie et l'arrivée de l'air, selon que la chambre à dosage se remplit de sulfure ou se vide. Cette disposition défie donc la négligence de l'opérateur et, quoi qu'il en soit, la chambre se remplit, la dose prévue se réalise, et aucune perte de sulfure ne se produit.

L'appareil est doté de deux clés de robinet; la clé supérieure qui commande le liquide contenu dans le réservoir et la clé inférieure qui commande le liquide contenu dans la chambre à dosage. Ces deux clés communiquent entr'elles au moyen de roues dentées; la clé supérieure, pourvue d'une poignée, se manœuvre seule, et le mouvement qu'elle reçoit se communique instantanément à la clé inférieure. La course de la clé supérieure est réglée, au moyen d'arrêts, à un quart de circonférence; dans ces conditions, la clé s'ouvre et se ferme exactement, pas au-delà de ce qui est prévu, et elle imprime une course égale à la clé inférieure.

Au montage de l'appareil, les orifices des clés sont placés de telle sorte que, lorsque l'une est ouverte, l'autre est fermée. En ouvrant la clé supérieure, la clé inférieure se ferme et le sulfure de carbone remplit instantanément la chambre à dosage. Si, au contraire, la clé supérieure se ferme, la clé inférieure s'ouvre et le liquide contenu dans la chambre se répand dans la partie inférieure de l'appareil.

Le boisseau dont il vient d'être question est établi sur le manchon qui se termine par le pieu destiné à être enfoncé dans le sol.

Le pieu est formé d'un tube en fer qui se termine par une pointe en acier ; il est fixé à la partie inférieure du manchon. La pointe est plus massive à l'intérieur que le tube qui forme le corps principal du pieu ; elle est percée à l'intérieur d'un trou légèrement conique, et elle se termine par une ouverture cylindrique à petit diamètre. Une tige est établie dans l'intérieur du pieu ; la partie supérieure de cette tige, dotée de deux tourillons, se rattache, au moyen de deux bielles, l'une à fourche et l'autre droite, à la manivelle qui est fixée sur la clé supérieure. Cette clé supérieure joue le rôle d'un arbre de couche ; elle imprime le mouvement aux bielles, et celles-ci, attelées à la tige de l'intérieur du pieu, la font monter ou descendre à volonté.

La tige à l'intérieur du pieu est disposée de la manière suivante : le sommet comprend une partie cylindrique creuse dont le fond est ouvert de deux
côtés opposés pour permettre l'écoulement du liquide. Ensuite, la tige se continue pleine jusqu'à
l'extrémité du pieu, en la dépassant de quelques
millimètres. Un guide à trois contacts, faisant corps
avec la tige, l'empêche de fouetter dans l'intérieur
du pieu.

Le manchon dans lequel se meut le sommet de
la tige est fendu des deux côtés, chaque fente étant
opposée l'une à l'autre pour permettre l'établissement par l'extérieur et la course des tourillons. Ces
deux tourillons font saillie sur le manchon, et c'est
par cette saillie qu'ils sont attelés à la fourche de
la bielle inférieure.

Un petit tube est fixé dans l'intérieur du manchon, contre la paroi supérieure ; le vide de ce tube
correspond à l'axe vide du boisseau et il sert à diri-
ger le liquide dans la partie cylindrique creuse de la
tige du pieu, sans que le liquide puisse s'échapper
par les fentes du manchon ; de là le liquide s'écoule
dans l'intérieur du pieu par les deux ouvertures
ménagées au fond de la partie cylindrique creuse
de la tige. Les deux fentes du manchon permettent
à l'air de circuler dans l'intérieur, et au liquide de

s'échapper librement. Le diamètre de la tige devient plus faible à partir du guide à trois contacts, à mesure que les diamètres intérieurs du pieu dans lequel elle se meut diminuent. La pointe de la tige s'ajuste exactement dans l'orifice ménagé à l'extrémité de la pointe du pieu. Cette disposition permet au liquide d'entourer complètement les organes intérieurs de l'extrémité du pieu et lorsque la tige, dans son mouvement ascensionnel, découvre l'orifice de la pointe du pieu, le liquide, en s'échappant dans le sol, entraîne les grains de terre qui peuvent avoir été soulevés par la pointe de la tige dans le mouvement ascensionnel, de telle sorte que lorsque dans le mouvement descendant, la pointe de la tige vient reprendre sa place dans l'orifice de l'extrémité du pieu, elle rencontre constamment une chambre propre et dégagée de toute obstruction.

Les extrémités de la tige et du pieu sont en acier durci.

L'appareil est pourvu d'une chemise métallique qui protège les organes extérieurs et ne laisse en évidence que la poignée de la clé supérieure qu'il faut manœuvrer. Cette chemise, mobile, est assujettie au moyen d'une pédale qui complète l'appareil. La pédale se place, à volonté, à droite, à gauche ou devant l'opérateur ; elle est assujettie au moyen de deux diamètres différents et d'une vis de pression dont la buttée est préparée au moyen d'encoches disposées sur le manchon.

Cette description se résume de la manière suivante :

J'ai dit plus haut, que lorsque la clé supérieure est ouverte, la poignée de cette clé étant placée dans le sens vertical, la clé inférieure se trouvait fermée. Dans ces conditions, la tige est rendue à l'extrémité de sa course, et sa pointe bouche complètement, en le dépassant un peu, l'orifice de l'extrémité du pieu. Le réservoir possède sa provision de sulfure et, par conséqent, la chambre à dosage se trouve remplie par le liquide.

Si nous faisons décrire à la poignée de la clé supérieure la course limitée par les arrêts, de gauche à droite, égale à un quart de cercle, les mouvements suivants s'opèrent *simultanément :*

1° La clé supérieure ferme la communication au liquide contenu dans le réservoir ;

2° La clé inférieure ouvre la communication entre la chambre à dosage et l'intérieur du pieu ;

3° La tige se soulève et découvre l'orifice de la pointe du pieu ;

4° La dose de sulfure contenue dans la chambre se répand dans le pieu et, de là, dans le sol.

La manœuvre inverse consiste à remettre la poignée de la clé à sa place primitive, en lui faisant décrire, dans le sens opposé, la même course égale à un quart de cercle. Alors, les mouvements suivants se réalisent *simultanément* :

1° La clé snpérieure s'ouvre et la communication est rétablie entre le réservoir et la chambre à dosage;

2° La clé inférieure se ferme et intercepte la communication entre la chambre à dosage et l'intérieur du pieu ;

3° La tige s'abaisse et la pointe va boucher l'orifice de la pointe du pieu ;

4° Le sulfure arrive librement dans la chambre à dosage.

La manœuvre de l'appareil est simple ; le cultivateur le saisit par la traverse en bois et il l'enfonce dans le sol, de toute la longueur du pieu, en s'aidant du poids de son corps, en appuyant sur la pédale avec le pied. Ensuite le cultivateur fait osciller l'appareil, très-légèrement, de façon à labourer le fond du trou et permettre au liquide d'être absorbé promptement par la terre ; il ferme le robinet supérieur, les faits décrits plus haut se réalisent *simultanément* et la dose du liquide insecticide se trouve logée au point voulu. Aussitôt après, la poignée du robinet est ramenée à sa position primitive, chaque organe de l'appareil reprend sa place, le pieu est retiré du sol, pour continuer ailleurs, après avoir bouché le trou avec le pied. Quelques secondes suffisent à l'opération.

L'instrument est solide. Celui que je prends la liberté de vous adresser a été éprouvé par une trentaine de mille trous et il fera un bon service ; il pèse, vide, 8 kilogrammes et, avec la provision de sulfure, 12 kilogrammes ; il permettra d'opérer désormais d'une manière constamment exacte, sûre et prompte, sans exiger l'intelligence de l'opérateur. Je me suis attaché, dans la construction de l'appareil, à écarter les organes qui, par leur nature, sont exposés à des désordres plus ou moins fréquents et qui peuvent être inaperçus par l'opérateur. Avec cet instrument, le travail devient tout-à-fait machinal et la question de main-d'œuvre, ainsi que mon rapport du 20 septembre dernier le faisait pressentir, n'a plus aucune importance, puisque, avec un sol favorable quant à l'état de siccité, le cultivateur peut, selon son activité, traiter de 1000 à 1500 pieds de vignes par jour. Il ne peut échapper, à ce sujet, qu'avec des moyens d'action aussi rapides, le cultivateur doit choisir, pour opérer économiquement, le temps favorable au sol, pendant l'époque de traitement.

L'emploi du sulfure de carbone exige que les conditions d'exactitude et de sécurité, quant au dosage notamment, soient absolument réalisées, non pas d'une façon passagère, mais constamment. A défaut, l'inégalité accidentelle dans le dosage correspondrait à des applications de sulfure insuffisantes ou excessives, sans effet appréciable sur les vignes dans le premier cas, nuisibles dans le deuxième, ce qui déconsidèrerait forcément un mode de traitement qui en fait, bien exécuté, est entièrement efficace.

PAL DISTRIBUTEUR de F. ALLIES (b. s. g. d. g.)

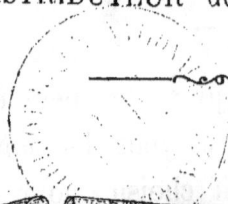

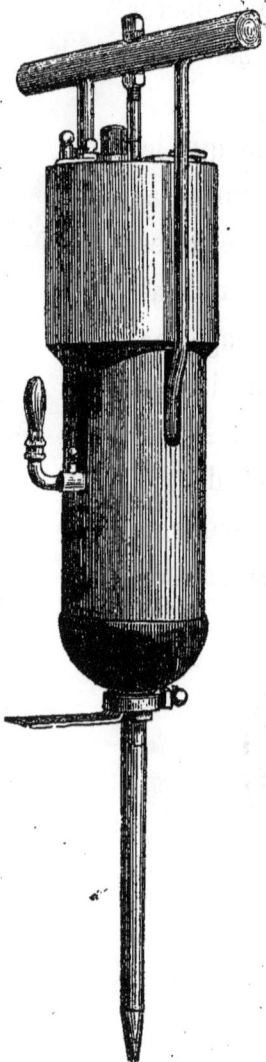

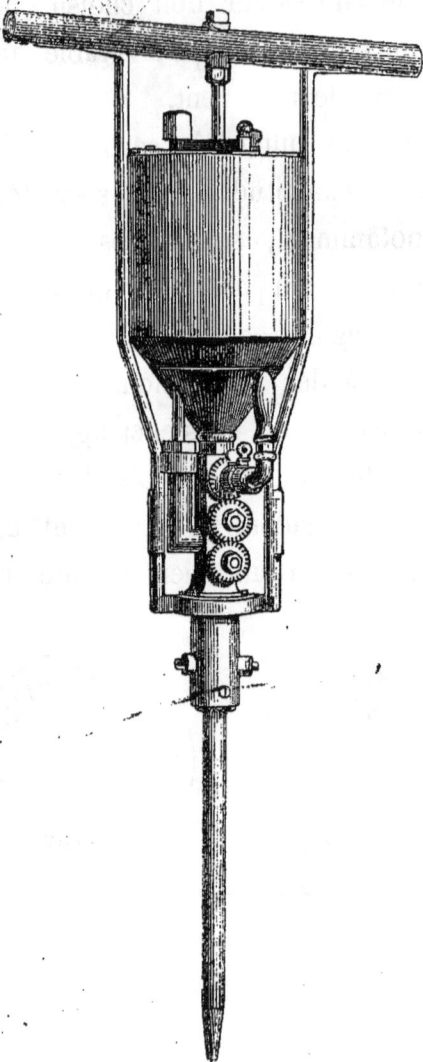

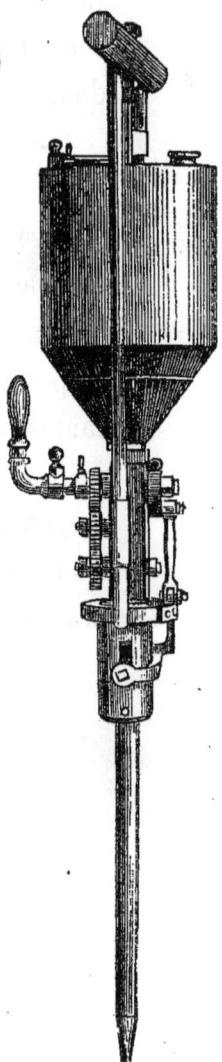

Fig. 3   Fig. 4   Fig. 2

www.ingramcontent.com/pod-product-compliance
Lightning Source LLC
Chambersburg PA
CBHW071418200326
41520CB00014B/3492